给孩子的自然科普

古灵精怪的昆虫世界

江泓 杨肖 主编

重庆出版集团 重庆出版社

图书在版编目（CIP）数据

古灵精怪的昆虫世界 / 江泓，杨肖主编. — 重庆：
重庆出版社，2024.1
（给孩子的自然科普）
ISBN 978-7-229-17302-9

Ⅰ.①古… Ⅱ.①江… ②杨… Ⅲ.①昆虫–青少年
读物 Ⅳ.①Q96-49

中国版本图书馆CIP数据核字（2022）第249469号

古灵精怪的昆虫世界
GULINGJINGGUAI DE KUNCHONG SHIJIE

江 泓 杨 肖 主编

出　品：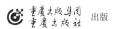华章同人
出版监制：徐宪江　秦　琥
特约策划：先知先行
责任编辑：肖　雪
特约编辑：李　敏 齐　蕾 危　婕 杨孟娇
营销编辑：史青苗　刘晓艳
责任校对：刘小燕
责任印制：梁善池
封面设计：乐　翁 QQ:954416926

重庆出版集团
重庆出版社 出版
（重庆市南岸区南滨路162号1幢）

北京盛通印刷股份有限公司　印刷
重庆出版集团图书发行有限公司　发行
邮购电话：010-85869375
全国新华书店经销

开本：787mm×1092mm　1/16　印张：7.25　字数：80千
2024年1月第1版　2024年1月第1次印刷
定价：49.80元

如有印装质量问题，请致电023-61520678

前　言

在美丽的大自然中，有很多"小精灵"，它们形态各异，色彩多样，魅力独特，它们有一个共同的称呼——昆虫。

昆虫是大自然食物链中重要的初级消费者，在生态系统的大循环中占有十分重要的地位。昆虫可以分解有机物质，生成土壤，参与自然界的物质循环，还可以帮助开花植物授粉，参与植物的繁衍进化。可以说，昆虫是自然界不可或缺的一分子。

你知道吗，昆虫诞生在地球上的时间比恐龙还早呢！它们已经在地球上繁衍、进化了数亿年，种群数量超乎我们的想象，分布范围几乎覆盖地球的每个角落：湿地、森林、湖泊、山脉、农田、村庄、城市……

不同的昆虫还有着不同的"特异功能"呢！它们有的会唱歌，有的会修建房屋，有的会伪装自己，有的给自己配置了"生化武器"……在这本书中，你将会看到会唱歌的蝉、点着灯笼的萤火虫、滚着粪球的蜣螂、挥舞着"大刀"的螳螂……你可能会为这些小家伙的能量而感到震撼，为它们的独门绝技而喝彩。现在，就让我们翻开这本书，一起走进昆虫的世界吧！

目　录

第一章　昆虫界的"音乐家"

顶级乐手——日本钟蟋 / 002

夏季常驻选手——蝉 / 005

优雅的演奏家——蟋蟀 / 008

网红歌手——蝈蝈儿 / 011

孜孜不倦的歌唱家——纺织娘 / 014

第二章　昆虫界的"唯美主义"

梦幻之蝶——红晕绡眼蝶 / 018

爱与美的女神——光明女神闪蝶 / 020

圆圆胖胖小益虫——七星瓢虫 / 023

浪漫至死不渝——萤火虫 / 026

身躯细如梗——豆娘 / 029

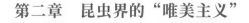

第三章　昆虫界的能工巧匠

顶级建筑师——胡蜂 / 034

小身体，大能量——蚂蚁 / 037

灭虫小能手——草蛉 / 041

粪便清洁工——蜣螂 / 044

第四章　昆虫界的伪装大师

拟态高手——枯叶蛱蝶 / 048

变化莫测——竹节虫 / 051

以假乱真——凤蝶毛虫 / 054

隐身专家——蚱蜢 / 056

第五章　昆虫界的顶级"杀手"

不能惹的小昆虫——人肤蝇 / 060

"浪漫"的谋杀者——锥蝽 / 062

凶残"容嬷嬷"——红火蚁 / 064

闻之色变——杀人蜂 / 067

第六章　昆虫界的"巨无霸"

最大的蝴蝶——亚历山大女皇鸟翼凤蝶 / 070

巨型昆虫——泰坦大天牛 / 073

聪明长寿——犀牛蟑螂 / 076

第七章　昆虫界的"生化武器"

小小"吸血鬼"——臭虫 / 080

爱放屁的昆虫——放屁虫 / 083

以臭闻名——椿象 / 086

毒气攻击——鞭蝎 / 089

第八章　不是昆虫的"虫"

人间"黑寡妇"——间斑寇蛛 / 094

闻风丧胆——加拉帕戈斯巨人蜈蚣 / 097

巧妙猎手——巨人捕鸟蛛 / 099

自带体臭——马陆 / 102

第一章
昆虫界的"音乐家"

　　自然界有许多低调的"音乐家",它们的声音各不相同,有的高亢洪亮,有的婉转悠扬,有的低沉浑厚,有的优美抒情……这些音乐家生活的环境也各不相同,但它们都在用自己的声音演奏着独特的自然乐章。

顶级乐手——日本钟蟋

"丁零，丁零……"只听声音，我们就能知道，这一定是日本钟蟋在鸣叫。日本钟蟋虽其貌不扬，但声音清脆而洪亮，很容易辨认。

日本钟蟋到底是怎样的昆虫呢？我们一起来探索它们的世界吧！

日本钟蟋有个好听的俗称——金钟儿。它们虽然名字中带个"金"字，但其实身着黑衣；小小的脑袋上"佩戴"着一对 3 厘米长的触须，触须上还"渲染"着三种不同的颜色：底端为褐色，中间为白色，前端为黑色，非常独特；一双小翅膀呈波纹状，是透明的，身形扁扁的，总体形状就像一颗饱满的瓜子；体长 16~19 毫米，差不多只有我们的一节手指那么长。

日本钟蟋以植物为主食，爱吃各种果树的嫩叶。果树通常很高，个子小巧的它们怎样才能吃到嫩叶呢？别担心，在吃这件事情上，日本钟蟋可谓经验十足。健壮有力的后足赋予它们极佳的跳跃能力，只要找准方向，轻轻一跃，它们就可以跳到嫩叶所在的树枝上，去饱餐一顿了。

日本钟蟋一般藏身在阴暗潮湿的角落里、巨大的石块下、墙边的草丛或石缝中，属夜行性鸣虫。夜晚来临时，雄性日本钟蟋便会出现在比较显眼的墙边或树枝上，举翼鸣叫，以此来吸引雌性日本钟蟋的注意。当雌性日本钟蟋出现时，雄性日本钟蟋便会将鸣叫变成高歌，然后六足挺立，将两枚透明的翅膀展开，非常有趣。

　　炎热的夏季，夜间时常传来日本钟蟋的鸣叫声。它们的叫声清脆洪亮，似铃铛震动的声音，又似撞钟的声音，这也是它们的名字"钟蟋"的由来吧。

　　一般来说，最适合日本钟蟋生活的温度是 20℃~25℃，当温度低于 20℃时，它们就会难以忍受，活动能力也会下降。不用等到冬天，它们的生命就会走到尽头。

　　日本钟蟋的生命周期一般只有 3~5 个月。它们在初夏时破卵而出，经过数次蜕皮，羽化为成虫，最终在深秋时生命终结。虽然存活的时间短暂，但它们已经完成了繁衍后代的使命。等到来年夏天，新的生命又会破土而出，继续鸣唱。

小知识

雄性日本钟蟋在夜间鸣叫时，有一种特殊的习惯——它们会特意爬到显眼的树枝上或者墙边鸣叫，因为这样它们的叫声可以传得更远，以便吸引雌性日本钟蟋前来交配。

夏季常驻选手——蝉

炎热的夏季，室外总会传来熟悉的声音。你听，"知了——知了——"，鸣虫界的常驻选手——蝉闪亮登场啦！

蝉是蝉科物种的通称。世界上约有 2500 种蝉，常见的有黑蚱蝉、蟪蛄、草蝉等。蝉的身体通常为深褐色，背部有两对透明的膜翅，就像穿了一件披风；头部宽而短，上面镶嵌了一双圆圆的眼睛和一对可爱的触角；没有嘴巴，但有口器，口器十分尖利，像吸管一样，可以刺入树皮中，吸食树的汁液；胸部两侧长有三对足，其中前足呈钩状，且长满倒刺，这些倒刺能够让它们牢牢地挂在树皮上。

我们都知道蝉会鸣叫，但它们并没有嘴，那声音是从哪里发出来的呢？

答案在蝉的腹部。蝉的腹部呈长锥形，总共有 10 个腹节。雄蝉的声音是通过第一、二腹节内的发声肌的收缩运动，牵动两侧的发声膜振动而发出的。蝉的发声肌每秒能伸缩约 1 万次，再加上背瓣和发声膜之间是空的，形成天然的共鸣室，因此鸣叫声特别响亮。值得一提的是，雌蝉的腹部虽然也有一个发声器，但结构不完整，不能鸣叫，因此雌蝉也被叫作"哑巴蝉"。

雄蝉鸣叫的原因是什么呢？当然是为了吸引雌蝉的注意。雌蝉会通过鸣叫声来判断雄蝉是否体魄健壮、适合繁衍后代。因此，为了获得雌蝉的青睐，每只雄蝉都拼尽全力地鸣叫。当雌蝉接受雄蝉、与雄蝉完成交配之后，雄蝉就会死去，雌蝉则要去寻找合适的树枝，作为产卵地。

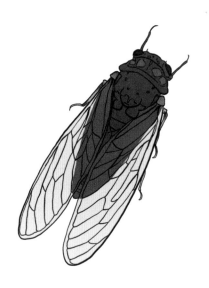

雌蝉的产卵方式很特别。雌蝉的肚子下面有一根像针一样的小管子，产卵时，雌蝉会用小管子在树枝上刺出一排排小孔，然后将卵产在这些小孔中。等到了合适的时间，卵会孵化为若虫①。刚刚孵化的若虫像芝麻一样小，雪白雪白的。为了躲避外来威胁，若虫会沿着树干往下爬，寻找一块松软湿润的土壤，挖一个洞钻到地下。此后，它

———————————

① 若虫：不完全变态昆虫幼期时的称呼。不完全变态昆虫会经历卵、若虫、成虫三个时期，完全变态昆虫则会经历卵、幼虫、蛹、成虫四个时期。

们要在黑暗的地下待上很久很久，仅靠吸取树根的汁液来填饱自己的肚子。

　　若虫在地下生活的时间里，也在不断地生长发育，每长大一点，就会蜕一次壳。蝉的一生要经历4~5次蜕壳，最后一次蜕壳也是最重要的一次，蝉会由此从若虫蜕变为成虫。

　　离成虫只差最后一步的若虫，会在夏季挑一个夜晚出洞，爬上树干，抓紧树皮，然后蜕皮。若虫会从背上裂开一个小口子，成虫的头会先出来，紧接着是绿色的身体和皱皱的翅膀。这时蝉的身体还很柔软，翅膀也飞不起来，所以它们会在蜕下来的壳边停留片刻，等翅膀充分展开、变硬后再离开。

小知识

　　为什么蝉想长大，必须经过蜕壳呢？这是因为蝉是节肢动物，它们的身体由壳和肉组成，一旦壳变硬，内里的肉就不能再生长了，因此要想继续生长发育，必须蜕去外壳，给身体成长创造足够的空间。蜕壳是蝉的成长必经之路。

优雅的演奏家——蟋蟀

夏天来了，野外变得热闹起来，蟋蟀也成群结队地出来举办"派对"了。

蟋蟀又叫蛐蛐儿、促织、趋织等，是直翅目蟋蟀科昆虫的通称。蟋蟀通常为黄褐色或黑褐色，脑袋圆圆的，顶着一对细长的触角；蟋蟀的头上有一对复眼，视力很弱，因此蟋蟀主要是依靠听觉和触觉来判断外界情况的；蟋蟀头部的前下方有像剪刀似的锋利的口器，上面还有锯齿痕，咬合力很强；蟋蟀没有鼻子，它们是用腹部的气门来呼吸的，气门上有两根气管，可以用来交换气体；蟋蟀有三对足，足上都有尖刺，其中最后面的一对足尤其健壮，赋予它们极佳的跳跃能力

和爆发力。蟋蟀身上还背着一对透明的小翅膀，但很少有人看见蟋蟀飞行，这是为什么呢？

蟋蟀翅膀的主要作用并不是飞行，而是发声。蟋蟀家族的成员多是优雅的"演奏家"。雌性蟋蟀是不会鸣叫的，只有雄性蟋蟀才会鸣叫。雄性蟋蟀右边的翅膀上有一个像锉一样的短刺，而左边的翅膀上有一个像刀一样的硬刺，当它们拍打翅膀时，一张一合，短刺和硬刺相互摩擦，就会发出悦耳的音响。

蟋蟀发出的叫声音调、频率不同，表达的含义也不一样。

雄性蟋蟀在繁殖期，通常会在夜里发出清丽婉转的鸣叫。这种声音主要是为了求偶。当找到合适的配偶之后，雄性蟋蟀就会发出轻柔、短促且连续的叫声，以传达自己的喜悦。当雄性蟋蟀遭受同类侵扰的时候，它们会发出激越、短促的声音，以警告入侵者：这里是我的地盘，禁止进入。

除了会演奏音乐以外，蟋蟀还是天生的"战将"。它们的领地意识很强，当两只雄性蟋蟀相遇的时候，"一言不合"就会打起来。人们发现了雄性蟋蟀的这种特性，因此有时会特意捉一对雄性蟋蟀，将它们放在同一个容器中，以看它们互斗为乐。

我国斗蟋蟀的历史悠久，唐朝开元年间就已经有斗蟋蟀这项娱乐活动了。到了宋代，斗蟋蟀已经和钓鱼、养鸟、种花一样，发展成了人们文娱生活的一部分。明清时期，斗蟋蟀的风气更盛，几乎家家户户养蟋蟀、斗蟋蟀。

在我国古代，斗蟋蟀又称秋兴、斗蛩（qióng）、斗促织等。斗蟋蟀时，两只雄性蟋蟀被一起放在陶制或瓷制的蟋蟀盆中，两雄相遇，一场激战便开始了。

小知识

　　蟋蟀为什么可以一次跳很远？这是因为蟋蟀后足的肌肉纤维中富含一种胶状蛋白质。这种胶状蛋白质非常有弹性，当蟋蟀绷紧后足的肌肉时，可以使胶状蛋白质收缩并产生巨大的爆发力，于是蟋蟀就能像离弦之箭一样，一下子"弹射"出去了。

网红歌手——蝈蝈儿

俗话说："蝈蝈儿叫，夏天到。"蝈蝈儿是我们熟悉的昆虫之一，不过"蝈蝈儿"并不是指某种具体的昆虫，而是螽（zhōng）斯科包括中华螽斯在内的许多善鸣的昆虫的俗称。

蝈蝈儿一般体长 3~5 厘米，体色多为绿色或褐色。它们的头较大，触角比身体还长；它们有三只单眼和两只复眼，不过别看眼睛多，它们的视力并不怎么好；它们的头下方有一个背甲，呈盾形，连接头部和胸部；它们的翅膀就在背甲后面，雄虫翅短，具发声器，雌虫只具有翅芽，不能发声；蝈蝈儿有三对足，前两对足较短，主要用于采集，后一对足较长，肌肉发达，用于跳跃；蝈蝈儿三对足的最后一个径节上都有锯齿状的黑色短刺，它们的听觉器官就在第一对足的短刺上。

蝈蝈儿是昆虫界当之无愧的"音乐家"，每逢夏日的夜晚，它们那悦耳的歌声总是如约而来。蝈蝈儿的鸣叫声清脆、高亢、洪亮，此起彼伏，听了让人心情愉悦。可当快要入秋的时候，它们的声音就明显减弱了许多，这是为什么呢？

蝈蝈儿的鸣叫频率会随着温度的变化而变化。蝈蝈儿是在夏天鸣

叫的昆虫，如果把它们放置在约22℃的阴凉环境里，它们的鸣叫次数
就会减少，而且声音会变得短促。当气温达到30℃时，它们的鸣叫频
率就会很高，且叫声连贯悠长。而当气温低于18℃时，它们的叫声就
会停止。

不同的蝈蝈儿叫声也不同，有的深沉，有的婉转，有的高亢嘹亮，
有的清丽自然。蝈蝈儿的叫声是怎么发出来的呢？

蝈蝈儿和蛐蛐儿一样，也是通过摩擦翅膀来发声的。如果你仔细
观察，就会发现它们的右翅是叠在左翅上面的。它们的左前翅上有一
个音锉，右前翅上有一个刮器，且刮器刚好在音锉的下面，当两翅交
叉振动时，音锉和刮器相互摩擦，就会发出声音来。

蝈蝈儿鸣叫的原因有很多，它们会为呼唤同伴而鸣叫，会为吸引
雌性而鸣叫，也会因为受到惊吓而鸣叫。它们为吸引雌性而发出的叫
声与呼唤同伴时的叫声相似，但声音更响亮些；受到惊吓时的叫声音

量更大、频率更高,似乎也是在告诉自己的同伴:这里有危险,快跑!

　　我国自古有将蝈蝈儿作为宠物饲养在笼子里的文化。宋朝时,开始有人饲养蝈蝈儿。明朝时,从宫廷到坊间,饲养蝈蝈儿成为普遍现象。清朝时,皇宫里甚至设有专门繁育蝈蝈儿等鸣虫的机构,乾隆皇帝出游西山的时候,还曾即兴赋诗:"啾啾榛蝈抱烟鸣,亘野黄云入望平。雅似长安铜雀噪,一般农候报西成。"

　　蝈蝈儿是怎么呼吸的呢?它们没有鼻子,是通过藏在腹部下方的气门来呼吸的。当蝈蝈儿呼吸时,肚子会一起一伏的,十分有趣。

孜孜不倦的歌唱家——纺织娘

夏秋季节，野外的草丛中经常会传来"沙沙沙"或"轧织、轧织、轧织"的声音，就像有人在用纺织机织布。到底是谁在"织布"呢？原来是耳朵长在脚上的歌唱家——纺织娘。

纺织娘是螽斯科的一种鸣虫，体长 5~7 厘米，在鸣虫中属于体形较大的一种。纺织娘的体色有褐色、绿色、枯黄色、紫红色等，其中褐色和绿色最为常见。它们的头部短而圆阔，细长的触角呈褐色；复眼为卵形，位于触角两侧。纺织娘和其他鸣虫一样，只有雄虫能发出鸣叫声。

雄性纺织娘通常在夏、秋两季鸣唱，它们的鸣叫声清脆响亮，犹如金石撞击发出的悦耳声音。当繁殖季到来时，雄性纺织娘会用鸣叫声积极地向雌性纺织娘展开追求：它们身处草丛之中，鸣叫时会先发出"轧织、轧织、轧织"的短促前奏，其后才是"织——织——织——"的主旋律，音高韵长，时轻时重。当多只纺织娘一起唱歌时，简直就像户外音乐会一样热闹。

如果有雌性纺织娘被雄性纺织娘的歌声打动，就会迅速飞到雄性纺织娘的身边，将自己的身体藏在雄性纺织娘翅膀下，表示对雄性纺织娘的青睐。与雄性纺织娘完成交配后，雌性纺织娘会将尾部长长的产卵器插入土中或植物的茎中产卵。

纺织娘是植食性昆虫，喜欢吃南瓜和丝瓜的花瓣、桑叶、柿树叶、核桃树叶等。纺织娘在我国主要分布在山东、江苏、浙江、福建等地，它们不喜欢强烈的光线，喜欢栖息在凉爽、阴暗的环境中。白天，它们通常静伏在瓜藤枝叶下或草丛中，黄昏和夜晚时才悄悄地出来活动和觅食。

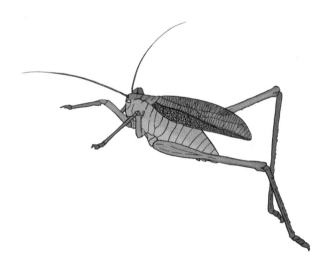

纺织娘的生活看似平稳，实际上处处潜伏着危险。它们的天敌很多，有鸟儿、老鼠、蜘蛛、蚂蚁、蟑螂等。在天敌遍布的环境中，它们也练就了一身本领。当纺织娘感受到有敌人靠近时，就会从地面或草叶上一跃而起，凭借健壮的后腿和适合飞行的翅膀，迅速逃脱敌人的追捕。如果凭借跳跃和飞行还不能甩掉捕食者的话，它们还有一个大招：从胸腺释放出黄色的毒液。虽然毒液的毒性不大，但可以起到震慑作用。面对突如其来的毒液，一些不够胆大的捕食者往往会选择逃之夭夭。

　　纺织娘的发声器在翅膀的基部。雄性纺织娘的左前翅有特化的音锉，上面有一排齿状的音齿；右前翅的基部有骨化的刮器。当它们左右两侧的翅膀一开一合地不断摩擦时，音锉与刮器相互碰撞，就会发出清脆悦耳的声音。另外，雄性纺织娘的右翅基部还有特化的镜膜，可以起到音箱的作用，让声音更大。

第二章
昆虫界的"唯美主义"

　　大自然中有许多漂亮的昆虫，它们有着独特而丰富的色彩，也有着与各自特点相贴合的名字，如红晕绡（xiāo）眼蝶、光明女神闪蝶、七星瓢虫、萤火虫等。这些昆虫凭借着无与伦比的唯美外表，给人们留下了深刻的印象。

梦幻之蝶——红晕绡眼蝶

"头上两根须，身穿彩衣袍，飞舞花丛中，快乐又逍遥。"——你猜到这是哪种昆虫了吗？答案就是美丽的蝴蝶。

世界上有 18000 多种蝴蝶，我国有记录的有 2000 多种。每种蝴蝶都有两对翅膀和点缀其上的独特花纹。蝴蝶的种类不同，大小也不同，大如亚历山大女皇鸟翼凤蝶，翼展可达 31 厘米，小如褐小灰蝶，翼展仅有 16 毫米。

下面要给大家介绍的是一种极其罕见的蝴蝶——红晕绡眼蝶，也被称作玫瑰水晶眼蝶。玫瑰，水晶，蝴蝶——集这三个词于一身的它们不仅是昆虫界的"颜值担当"，还有着"梦幻蝴蝶"与"蝶皇后"的美誉。

红晕绡眼蝶宛如大自然中的精灵，美丽而神秘。它们的翅膀呈透明状，能够起到保护和警戒作用，在飞行时不易被天敌发现。它们的后翅有玫瑰色的渲染，十分俏丽。在红晕的边缘，各点缀着一个形似眼睛的斑纹，看起来十分奇特。

红晕绡眼蝶是世界上最为稀有的蝴蝶之一，在哪里才有可能见到它们的身影呢？

它们呀，主要生活在热带雨林之中。近年来，由于热带雨林面积的减少，红晕绡眼蝶也面临着生存危机。保护环境，也是在保护物种多样性，保护自然的丰富和多彩。

小知识

蝴蝶没有肺，也没有腮，那它们是怎么呼吸的呢？

蝴蝶有特殊的呼吸系统，这个系统是由气门和气管组成的，位于蝴蝶的腹部。气门相当于蝴蝶的"鼻孔"，腹部一鼓一收，蝴蝶就可以呼吸啦。

爱与美的女神——光明女神闪蝶

　　光明女神闪蝶，又名海伦娜闪蝶，主要分布于南美洲北部的热带雨林中，整体呈现为蓝白色，外形十分华丽。

　　光明女神闪蝶体态婀娜，蓝白色的翅膀美丽而梦幻，翅膀上的白色纹路从上方看很像一个大写的"V"字，翅膀边缘锁了一条黑边，增添了一抹立体感。当光明女神闪蝶翩翩起舞时，翅膀会随着光线的变幻闪现出不同的光泽，时而深蓝，时而湛蓝，时而浅蓝，"V"形纹路更是犹如镶嵌在蓝色绸缎上的珠宝，光彩熠熠。

　　你知道光明女神闪蝶的翅膀为什么这么华丽吗？

　　这是因为它们的翅膀上密布带色素的鳞片，这些鳞片就像百叶窗一样，上面细微的色彩纹路越密集，产生的闪光就越强。当光线照射到这些鳞片上时，会朝着不同的方向反射和散射，如果我们从不同的角度观察光明女神闪蝶，它们的翅膀颜色也会千变万化。

　　光明女神闪蝶是体形较大的蝴蝶，翼展可达 7.5~10 厘米。它们在日间活动时，飞行速度非常快。它们的性格也非常活泼，喜欢和同伴追逐嬉戏，穿梭在森林中，仿若精灵。

　　外形优雅美丽的光明女神闪蝶，在食物的选择上却十分"重口味"：它们除了偶尔吃一点植物的汁液外，平时最爱的食物居然是腐烂的水果和动物的粪便，真是令人意外啊！

　　与其他蝴蝶一样，光明女神闪蝶也是完全变态昆虫，一生会经历四个阶段：卵、幼虫、蛹、成虫。它们的卵是半球形的，一端有细孔。它们的幼虫即毛毛虫，要经过4~6次蜕皮才开始结蛹，每次蜕皮后，它们都会把脱下来的"衣服"吃掉，用来补充营养。和其他蝴蝶不一样的是，光明女神闪蝶的蛹是脑袋朝下、尾巴朝上倒挂着的，被称为悬蛹，悬蛹通常隐蔽在叶子后面。刚刚羽化的蝴蝶非常柔弱，无法抵御天敌，要等翅膀完全展开、变硬后才能展翅高飞。

　　光明女神闪蝶繁殖能力很弱，数量极为稀少，而它们美丽的外形也成了招来灾祸的诱因。由于繁殖困难和人类的过度捕捉，光明女神闪蝶的数量正在不断减少。

小知识

蝴蝶没有牙齿，只有一个弯弯的口器。口器是中空的，像吸管一样，平时蝴蝶会像卷卷尺一样将口器卷起来，当要进食时，再把口器伸开，吸食花朵内部的花蜜和露水。

圆圆胖胖小益虫——七星瓢虫

"身体半圆形，背着七颗星，蚜虫见它躲迷藏，棉花丰收全靠它。"——你知道这个谜语指的是哪种昆虫吗？它就是人类的好朋友——七星瓢虫。

七星瓢虫体长5~7毫米，顶着一颗黑色的小脑袋，小脑袋上生有一对触角、一对复眼和一个口器；口器两侧有一对短短的下颚须，这是七星瓢虫的主要触觉和嗅觉器官，非常灵敏；头部后方是发达的前胸背板，前胸背板后面有两片鞘翅，鞘翅闭合时微微拱起，呈半球状，表面十分光滑，通常为红色或橙黄色，点缀有7个黑点：左右两侧各3个，接合处还有1个。这也是七星瓢虫名称的由来。

别看七星瓢虫个头小，它们的自保能力可不弱呢。它们的足部关节处隐藏着"秘密武器"：当遇到敌人袭击时，它们可以从关节里释放出一种难闻的黄色液体。这种液体无毒无害，臭味却具有很强的穿透性，足以让强劲的对手退避三舍。

七星瓢虫除了会用气味保护自己，还有机智的逃生技巧。当它们感受到异常的震动，或者看到有天敌靠近时，就会把脚都收缩到肚子底下，几乎变成一个球体，然后立刻滚落到地上，消失在草丛里。它们可以一动不动地蜷缩很久，免得暴露行踪。

七星瓢虫可以以成虫的形态越冬。越冬之际，它们会找一个向阳的地方待着，不吃也不动。直到气温升到10℃以上，它们才会苏醒过来，开始活动。如果我们把刚苏醒的七星瓢虫放在手上，它就会顺着我们的手指向指尖爬去，然后张开小翅膀飞向天空。

七星瓢虫一生要经过卵、幼虫、蛹、成虫四个阶段，温度不同，发育的速度也会不同。七星瓢虫的雌虫和雄虫在形态上区别不明显：雌虫第五腹板后缘齐平，第六腹板后缘突出，表面平整；雄虫第五腹板后缘中央略微内凹，第六腹板后缘平齐，中间有一个横着凹进去的坑，上面有一排长毛。

你知道吗，七星瓢虫是消灭害虫的小能手呢！七星瓢虫在农田里大量繁殖后，可以帮助农民伯伯消灭多种蚜虫。据统计，一只七星瓢虫一天能吃掉100多只蚜虫，真不愧为蚜虫的天敌。除此之外，七星瓢虫还会捕食叶螨、白粉虱、玉米螟、棉铃虫等农业害虫的幼虫和卵，因此也被称为"农作物的保护神""活体农药"。

　　瓢虫家族有很多成员，但并不是所有瓢虫都像七星瓢虫一样是益虫，其中也隐藏着可恶的害虫呢。那我们该怎样去分辨它们呢？其实通过它们背上的"星星"数量就可以区分了，害虫的背上通常有 10 颗、11 颗或 28 颗星星。

小知识

　　瓢虫家族虽然是一个大家族，但是益虫和害虫之间是不"通婚"的，各自保持着自己的传统习惯，所以不论产下多少后代，都不会产生"混血宝宝"。

浪漫至死不渝——萤火虫

在夏夜的小河边、树林里，总是能看见成群的萤火虫，它们自由自在地在一方天地里翩翩起舞，发出荧荧的黄绿色亮光，给夏夜增添了一抹浪漫。

萤火虫为什么会发光呢？

通过观察研究，人们发现，萤火虫有着特殊的生理结构，它们的光芒来自一种叫荧光素的物质。这种物质能够在酶的催化下与氧气反应，获得一些不稳定的能量，而当氧化后的物质稳定下来的时候，能量就会变成光，释放出来。

会发光的萤火虫的整个卵都会发光，像小小的夜明珠一样。而从幼虫开始，它们就集中在腹部末端发光了，由此一直到蛹，再到成虫，一生都在发光。不过，也有少数萤火虫只有雄性会发光。而且，大多数萤火虫都不会在白天发光，毕竟阳光太亮了，发光也是白费劲。

萤火虫在夜间发光主要是为了求偶。许多雌性萤火虫没有翅膀，不会飞行，长相和幼虫区别不大，但是很肥胖。它们会趴在树叶上，发出明亮的光，吸引雄性萤火虫。

　　夏天的夜晚，凉风习习，伴着虫鸣声，点点萤光升起，饥肠辘辘的萤火虫已经迫不及待地行动起来了。萤火虫喜欢捕食行动缓慢的蜗牛、蛞蝓、蚯蚓等。萤火虫的身体里携带了一种高效的麻醉剂——唾液，它们的唾液不仅能麻醉猎物，还能把猎物的身体组织分解成液体，这样它们就可以像喝汤一样把猎物"喝"下去了。

　　萤火虫非常敏感，对生存环境要求极高，有萤火虫聚集的地方，往往都是生态环境保护得较好的地方。想要看到这些暗夜精灵，在城市里是比较困难的，需要去到自然环境较好的田野乡间。

　　大自然孕育了萤火虫这样独特而又充满魅力的昆虫，它们在完成繁衍后代的使命的同时，也为我们带来了美好而浪漫的风景。

小知识

　　不同的萤火虫发出的光是不同的，有的是一闪一闪的，有的则是持续发光。闪烁的光的长度和节奏也有所不同。雄性萤火虫通过发光向雌性萤火虫展示自己，而雌性萤火虫则通过观察对方的发光信号来决定对方是不是自己的"良配"。当雌性萤火虫认为对方是合适的"求婚者"时，也会用发光的方式来回应对方。

身躯细如梗——豆娘

"小荷才露尖尖角，早有蜻蜓立上头。"仔细一看，那在荷花池中轻盈舞动的原来并不是蜻蜓，而是和蜻蜓极为相似的另一种"仙子"——豆娘。

其实，很多人都见过豆娘，只是不知道它们的名字罢了。在炎热的夏季，在池塘边、公园里，经常出现豆娘的身影，它们在半空中飞来飞去，模样和蜻蜓很像，不仔细看根本无法区分，因此很多人都以为它们就是蜻蜓。在生物学上，蜻蜓和豆娘同属于蜻蜓目，但属于不同的亚目，蜻蜓是差翅亚目昆虫的通称，豆娘则是均翅亚目昆虫的通称。

我们怎么区分蜻蜓与豆娘呢？

首先，豆娘的个头比蜻蜓小一些，肚子更纤细、苗条，而蜻蜓的肚子则更粗、更扁平一些；其次，在休息时，豆娘喜欢把两对翅膀叠在一起，立在背上，显得高贵冷艳，蜻蜓则喜欢将两对翅膀展开放在身体的两侧；再次，豆娘的两只复眼间距较宽，看起来很像哑铃，蜻蜓的复眼则间距较窄，像两个小球挨在一起；最后，豆娘的两对翅膀大小接近，蜻蜓后面的翅膀则比前面的翅膀大一些。了解了这四处不同之后，要区分蜻蜓与豆娘就容易多了。

　　豆娘的交尾方式十分特别：雄虫的性器官在腹部前端，雌虫的性器官在尾部，交配时，雄虫和雌虫会各自弯曲身体，共同构成一个美丽的心形。

　　我们常常能在水边见到"豆娘点水"，你知道它们在做什么吗？它们可不是在洗脚哦，而是在以点水的方式产下小宝宝呢！豆娘产卵的过程也极富美感，仿佛一场高难度的水上表演。当它们预备产卵时，会刹那间腾空而起，而后将双翼展开，俯冲向水面，在即将触碰到水面时，又迅速抬起头部，拉升身体，只用腹部轻点一下水面。这样，卵就被产在水中了。不过，并不是所有豆娘都采用"点水"的方式产卵，也有很多豆娘会用产卵器把卵注入浸没在水中的植物的茎里。

　　豆娘的卵就这样在水中生长，由卵孵化出来的若虫被称为水虿（chài），它们的身体呈侧扁长形，尾端有 3 个明显的叶片状的尾腮，具有呼吸与运动功能，可以帮助水虿划水游泳，避开敌害。水虿通常隐匿于水草或石块的缝隙中，以其他水生昆虫及其幼虫为食。

豆娘虽小，但体态优美，颜色鲜艳亮眼，受到人们喜爱。

小知识

豆娘是以肉食为主的昆虫，不过由于体形较小、飞行速度较慢，它们捕食的多是蚊、蝇、蚜虫、介壳虫等体形较小的昆虫。

第三章
昆虫界的能工巧匠

　　在长时间的繁衍和进化中，昆虫发展出了一系列生存技能来保障自身种群的延续，例如修建房屋、预报天气、合作共生、运输食物等，让人不得不佩服。

顶级建筑师——胡蜂

说起胡蜂，很多人可能都见过，只是不知道它们的名字罢了。胡蜂是膜翅目胡蜂科所有物种的通称，它们和常见的蜜蜂相比，体形要大很多，颜色也有些不一样。

胡蜂体长约 16 毫米，有一对触角、两对翅膀和三对足。它们的躯体由头、胸、腹三部分组成，体色多为黑、黄、棕三色相间或单一色，触角、翅和跗节均为橘黄色。雌蜂的腹部有由退化的输卵管形成的长而粗的螯针，螯针与毒腺相通，螯人后会将毒液射入人的皮肤内，人

被蜇伤的部位会疼痛、肿胀得厉害。

你知道吗，让人望而生畏的胡蜂，居然是隐藏的建筑大师！

瞧，它们正在使用"造纸术"，给即将出生的小宝宝们建造房子呢！只见它们啃下一些树皮和枯叶，把它们嚼碎，然后加上自己黏黏的口水，再搅拌一下，那些树皮和枯叶就变成了一团团黏糊糊的木浆。之后，把这些木浆按一定的规律铺好，等到风干后，一个个温暖而又舒适的六边形房间就造好啦。

不过，它们为什么要造一个个六边形的小房间呢？

这是因为六边形的小房间是最节省材料，也最节省空间的，别的形状的房间都达不到这样的效果。科学家们在发现了胡蜂的房子的秘密后，也把六边形的结构应用到了我们人类的日常生活中，给我们带来了很多便利。

胡蜂喜欢群体生活，每个胡蜂群体中都有蜂后、工蜂和雄蜂，各自承担着不同的任务。蜂后是蜂群中唯一能正常产卵的雌蜂，它的主要任务便是产卵；工蜂又分成了不同的"工种"，有的负责修建蜂巢，有的负责采集蜂蜜，有的负责照顾和饲养幼虫；雄蜂的主要任务是与蜂后交配，交配后便会死亡。

胡蜂飞行速度快、动作敏捷，而且擅长辨认方向，可以在半径500米的范围内找到回家的路。它们是天生的建筑师，也是极其危险的肉食性捕猎者。胡蜂擅长捕食各种昆虫，其中甚至包括比自己弱小的蜂类，比如蜜蜂。当胡蜂遇到蜜蜂时，会用下颚攻击蜜蜂，然后将蜜蜂的尸体当作食物带回去喂养幼虫。有时，胡蜂还会将一整个蜜蜂群体的工蜂全部消灭掉，然后占领它们的蜂巢。

如果人或家畜不小心接触到胡蜂，或碰触到它们的蜂巢，胡蜂也会立刻发起攻击。有些种类的胡蜂毒性很强，甚至可致人死亡。因此，如果在日常生活中见到胡蜂，一定要多加小心，尽量躲远一点哦！

小知识

　　胡蜂的视力很好，能够准确且快速地瞄准猎物。它们在温暖的环境中捕食行动较为积极、频繁，在气温较低的环境中会变得行动缓慢。

小身体，大能量——蚂蚁

蚂蚁是一种常见的昆虫，也是地球上数量最多的昆虫之一。土壤里，道路边，草丛里，树枝上……随处可见它们的身影。

蚂蚁的身体分为头、胸、腹三部分。雄蚁体长约 5.5 毫米，雌蚁体长约 6.2 毫米。因为个头小，蚂蚁常被看作弱者，但实际上它们的力量是很强大的。蚂蚁可以举起自身体重 10 倍的物体，是名副其实的"大力士"。

蚂蚁是群居昆虫，它们能够相互配合，建造出规模庞大的巢穴。它们会用坚韧的足部和强壮的颚部一点一点地挖土，然后通过后退的方式将挖的泥土运送到巢穴外部，堆成小小的土丘。这样，它们不仅能将多余的泥土清理出去，还能为巢穴竖起一道屏障。

有的蚂蚁在修建巢穴的过程中，还会巧妙地利用自身的体形和生理特点，用颚部咬住泥土，然后抬起头部，用身体的重量将泥土推出巢穴。除了负责挖土的蚂蚁，还有负责清理巢穴内部道路的蚂蚁，大家分工明确，确保每个通道都畅通无阻。

巢穴的内部结构也体现了蚂蚁的智慧。蚂蚁会将巢穴分成不同的区域，有的用来储存食物，有的用来养育幼虫，有的用来休息和保护蚁后。这些区域相互连接，形成了一个完整而有序的生活空间。

蚂蚁建造的巢穴还有通风和防水设计。它们会在巢穴的入口处建造一个小小的"堤坝"，以防止雨水流进巢穴。通风管道和地下通道可以使巢穴内部空气流通，确保巢穴内部保持适宜的温度和湿度。

蚂蚁家族中有一位神奇的成员——切叶蚁，它们不仅会修建巢穴，还会种植蘑菇，是有名的"蘑菇专家"。

在种植蘑菇前，切叶蚁会先去收集树叶。这些小家伙找到优质的树叶后，会通过轻微的肢体接触来告诉同伴树叶的来源。很快，切叶蚁就会成群结队地来到大树下，开始往上爬，不一会儿，树上就会出现许多忙碌的切叶蚁。

切叶蚁千辛万苦地找来树叶，是为了吃吗？并不是哦，它们是要用这些叶子来"种蘑菇"。它们把树叶运回家后，会把叶子完全嚼碎，咀嚼成黏稠的"树叶糊糊"——菌床。菌床是切叶蚁培植蘑菇的地方，也是蘑菇的养料来源。切叶蚁会把菌床悬挂在洞穴的顶上，并用毛毛虫的粪便来"施肥"。真菌就像切叶蚁的"庄稼"，被管理得十分认真。那些专门担任"警卫"的兵蚁，更是对菌床寸步不离，一旦发现入侵者，便直接上前与其展开殊死搏斗！经过漫长的培育后，菌床上会长出许多小蘑菇，这些小蘑菇便是切叶蚁的食物。

蚂蚁是一种真社会性动物，同一个蚁巢中的蚂蚁也和蜜蜂一样，有着不同的身份和分工。蚁后是巢穴中的领导者，负责繁殖后代；雄蚁负责和蚁后交配，交配完后它们就会死去；兵蚁负责保卫巢穴；工蚁负责建造巢穴、收集食物、照顾蚁卵和幼虫等。蚂蚁是一种十分有趣的昆虫，它们以集体行动的方式，形成了高度有序的社会结构。

小知识

蚂蚁还有"预测天气"的能力，它们是怎么做到的呢？

蚂蚁能够感知空气湿度和气压的变化。当它们感觉到降雨或气温变化即将来临时，便会迅速返回巢穴，通知其他蚂蚁做好准备。蚂蚁的巢穴通常建造在地下，下雨前，空气的湿度会增加，泥土吸收的水分也会大量增加，地下的蚂蚁巢穴就会变得潮湿，这时，蚂蚁便会成群结队地从蚁巢中爬出，向地势高的地方转移。

灭虫小能手——草蛉

"身披一身绿，柔软而神秘，两对大翅膀，缓慢中前进。"这说的是著名的灭虫小能手——草蛉。

草蛉有着铜色的大眼睛、细长的触角和绿色的身体，还有两对半透明的大翅膀。它们体长 9~10 毫米，前翅长 13~14 毫米，后翅长 11~12 毫米，翼展为 30~31 毫米。由于身形纤弱、颜色美丽，草蛉在昆虫界有着"昆虫仙子"的美称。不过，草蛉的颜色并不是一成不变的，它们会根据季节的变化改变身体的颜色。在大多数时间里，草蛉的身体都是嫩绿色的，但到了冬天，有的草蛉就会变成黄色，等到天气转暖后，再变回绿色。

草蛉的卵很独特，仿佛大自然的杰作：卵为椭圆形，长约 1 毫米，一般呈绿色，基部有一根富有弹性的丝柄，丝柄附着于植物的枝条或叶片上，卵则悬挂在丝柄下方。微风一吹，卵就荡起了秋千。草蛉的卵一般要经过 3~4 天才能孵化成幼虫，幼虫要在卵壳上停留两个小时左右，等到身体在空气中变硬后，再灵巧地顺着细细的丝柄离开。

　　草蛉会选择在蚜虫密集的地方产卵，这样幼虫破卵而出之后，便可以立即在附近开始捕猎行动。草蛉的幼虫一般称为蚜狮，一只蚜狮可以在三周的时间内，帮助农民伯伯消灭近 600 只蚜虫，不可谓不凶猛。它们虽然还没有翅膀，但饭量大，还跑得快，能不停地在植物上爬行，四处捕食蚜虫。

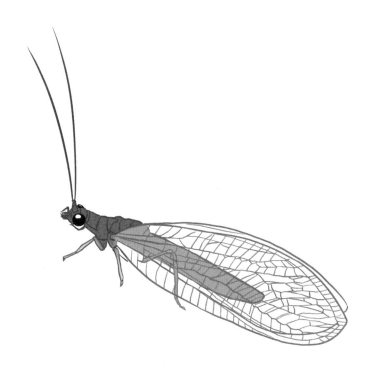

　　有趣的是，许多蚜虫和蚂蚁有着共生关系，蚂蚁会保护蚜虫，因此，草蛉的幼虫在捕食蚜虫时，也会遭到蚂蚁的攻击。不过不用担心，草蛉的幼虫早有对策。它们会用臭腺散发出有刺激性的气味，还会将排泄物或食物残渣黏附在自己的背上，这样可以形成伪装，让蚂蚁难以发现自己。

草蛉是包括蚜虫在内的许多农业害虫的天敌，因此，在有些地方，人们会大量繁殖和释放草蛉，作为一种控制害虫的手段。

小知识

草蛉散发出臭味，是为了保护自己不受天敌伤害。草蛉的臭味极其难闻，并且会持续很长时间。草蛉的臭味是与生俱来的，在幼虫阶段就有了，而且随着它们慢慢长大，臭味还会越来越浓重。

粪便清洁工——蜣螂

蜣螂（qiāng láng），俗称屎壳郎，大多以动物的粪便为食，有"自然界清道夫"的称号。下面就让我们一起来探索这位熟悉而又陌生的朋友吧！

世界上共有 5000 多种蜣螂，它们其貌不扬，身体大多为黑色或黑褐色。蜣螂分布十分广泛，沙漠里，农田里，森林里，草原上，任何地方都可能出现它们的身影。

　　"民以食为天"，对于蜣螂来说，则是"命以粪为天"。蜣螂发现粪便后，并不会立马进食，而是先用部分粪便制成一个粪球，然后头朝下，前脚着地，后脚蹬着粪球，让粪球滚起来，一路倒推着行走。它们要找一个安全的地方将粪球藏起来，之后再慢慢享用。

　　为了寻找粪便，蜣螂练就了许多过硬的本领，比如飞行。它们虽然是在地上找粪便，但飞行可以帮它们扩大搜索范围。刚蜕变成成虫的蜣螂马上就可以飞起来。对于蜣螂来说，大象的粪便无异于天上掉下的馅饼，它们可以依靠敏锐的嗅觉，觉察到几千米外的新鲜"馅饼"，然后直追过去。当它们发现目标时，就会将翅膀一收，掉落到地上，然后调整方向，向目标移动。到达目标后，它们会快速滚出粪球，然后尽快将粪球推走，因为当"馅饼"的味道传开后，附近的同类都会匆匆赶来，为了抢夺粪便的"驾屎权"，它们会不惜大打出手。

　　说到这里，就不得不好奇，蜣螂又没有导航仪，寻找粪便的过程中不会迷路吗？

　　原来，蜣螂有一个神奇的技能：利用月光偏振进行定位。蜣螂的视网膜对月光的偏振极为敏感，能够依靠月光偏振进行较为精确的定位，从而不会在外出觅食时迷路。科学家们还通过观察和记录发现，在有月光的夜晚，蜣螂爬向"粪源"的路线更接近直线，而在无月光的夜晚，蜣螂就要走不少弯路了。

　　对蜣螂来说，粪球不仅是它们的食物，也是它们养育后代不可缺少的介质。当蜣螂准备产卵时，会先把粪球滚动到预定的地点，用粪球和一些废弃物搓出一个梨形物体，然后在这个梨形物体的颈部挖个洞，把卵产在里面，最后再将产卵口堵住，将梨形物体推至洞的深处，用泥土埋起来。约 10 天后，幼虫破卵而出，幼虫就以自己所在的粪球为食，等到粪球被吃光时，它们也就长大了。

对于普通人而言，蜣螂似乎并不是受欢迎的昆虫，因为它们的工作就是推着别的动物的粪便滚来滚去，但对于农民和牧民来说，蜣螂却是不可或缺的存在，因为它们能让土壤保持肥沃，还能把动物粪便运到地下，防止粪便中可能含有的寄生虫的传播。

蜣螂在古埃及文化中也占有一席之地。在古埃及，一种名为神圣粪金龟的蜣螂被认为是神圣的生物，被称为圣甲虫，并被做成印章、饰品、护身符等。时至今日，在埃及仍随处可见圣甲虫的图案或元素。

蜣螂具有一定的药用价值，可治疗痔、疔疮、癫痫、便秘、痢疾等疾病。它们的粪球也可入药，被称为"转丸"。

第四章
昆虫界的伪装大师

　　大自然中处处存在着危险，于是，昆虫们想出了各种方法来保护自己，伪装术就是其中之一。许多昆虫能够利用伪装与身边的环境融为一体，来躲避天敌、狩猎食物。这些神奇的昆虫正在展现它们的生存智慧。

拟态高手——枯叶蛱蝶

枯叶蛱蝶，也叫枯叶蝶、树叶蝶等，是一种大型蝴蝶，翼展可达8.5~11厘米，前翅长4.2~4.5厘米，因前后翅相叠时，翅形及斑纹酷似一片枯叶而得名。

枯叶蛱蝶主要分布在亚洲的热带地区，常栖息在湿润繁茂的雨林中。它们喜欢吸食树木的汁液和腐烂的水果，是典型的食腐蝶。

枯叶蛱蝶有很多天敌，例如鸟类、蚂蚁、蜘蛛、黄蜂、赤眼蜂等。那么，在天敌遍布的热带雨林环境中，枯叶蛱蝶是如何生存下来的呢？

这就不得不提枯叶蛱蝶的伪装功夫了。它们有一对堪称伪装神器的翅膀，打开时十分华丽，可以用来召唤同伴，闭合时则犹如一片枯黄的树叶，可以完美地隐藏自己。更令人惊奇的是，这片枯黄的"树叶"上还有酷似叶脉的纹路，边缘也有枯叶一样的不规则缺口。

当枯叶蛱蝶被天敌追捕，处于危险中时，它们便会以一种无规律的、错乱般的方式飞行，然后快速落入植物的叶片之间，将翅膀合拢，静止不动，变成一片以假乱真的树叶。像枯叶蛱蝶这样，用模拟另一种生物或环境中的物体的方式获得好处的现象，就是拟态。

　　枯叶蛱蝶是完全变态昆虫，一生要经历卵、幼虫、蛹、成虫四个阶段。在不受天敌侵扰、食物充足的情况下，枯叶蛱蝶的寿命为 36~60 天，若中间出现滞育（停止发育，如为了度过食物匮乏的冬天而停止发育。可出现在不同发育阶段），则寿命可达 300 天。

　　由于生命周期较短，从破茧而出的那一刻起，枯叶蛱蝶就紧锣密鼓地开始了觅食、求偶、繁衍后代等一系列行为。枯叶蛱蝶的求偶方式属于典型的"等候型"：它们具有强烈的领域意识，雄蝶通常会选择一处视野开阔的地方作为自己的领地，然后站在枝叶的最前端，等候着雌蝶飞来，共结连理。此时若有不速之客飞入，它们会立即将其驱逐出去。

完成交配后，雌蝶会把卵产在大树或寄主植物附近。幼虫孵化出来后，会立即啃食卵壳作为它们的第一份食物。由于同时孵化的幼虫数量太多，绝大多数幼虫会选择吐丝下坠，离开拥挤的寄主植物。在下坠的过程中，一些幼虫可能会遭遇被天敌追捕、被蜘蛛网缠绕、被风吹走等危险，另一些幼虫则会成功到达新的寄主植物，开始自己的新生活。

 小知识

　　科学家们研究发现，枯叶蛱蝶的"鼻子"在其触角上。枯叶蛱蝶的触角上长有灵敏的嗅觉细胞，可以帮助它们找到几千米外的伙伴或配偶。此外，枯叶蛱蝶的"舌头"居然长在脚上，它们的脚不仅能尝出甜味，还能识别出咸味和苦味。

变化莫测——竹节虫

在热带、亚热带地区的高山、密林等环境中，生活着一些"低调"的小伙伴，它们的身体像光秃秃的树枝，瘦瘦长长的，背部像竹子一样，一节一节的——它们就是会"隐身"的竹节虫。

竹节虫是一种中型或大型昆虫，一般体长6~24厘米，最大可达62.4厘米，长着六条腿，还有一对长长的触角。竹节虫的体色大多呈深褐色，少数呈绿色或暗绿色。单看它们的身体，几乎与树枝没有差别。

世界上共有约2500种竹节虫，我国有100多种。竹节虫通常生活在草丛里或林木上，以植物的叶子为食。它们行动迟缓，白天大部分时间都静伏在草叶或树枝上，晚上才会出来活动，取叶充饥。

在危机四伏的大自然中，每种昆虫都有自己的生存技巧，但在伪装方面，竹节虫绝对是佼佼者。竹节虫在树枝上停留休息时，会与树枝融为一体，让人难辨真假。它们甚至还能根据光线、空气湿度和温度的变化来改变体色，让自身完全融入环境，使鸟类、蜥蜴、蜘蛛等天敌难以发现它们的存在。当树枝随风摇曳时，竹节虫还会模仿树枝随风而动的姿态，摇来摆去，十分有趣。

如果伪装不幸被识破，竹节虫还会像壁虎断尾一样，毫不犹豫地"断腿"，把腿留给敌人，为自己争取逃走的机会。不仅如此，有些竹节虫还会装死，它们会在受到惊吓时一动不动地躺在地上，等危机过后再溜之大吉。

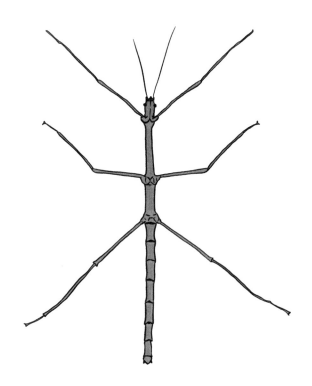

竹节虫的生殖方式也很特别。竹节虫在交配后，一般会将卵产在树枝上，卵要经过一两年的时间才能孵化成若虫。有些雌性竹节虫不用和雄性交配也能生殖，这种生殖方式叫孤雌生殖。竹节虫的卵很大，看上去很像植物的种子——这么小就已经开始模仿了，真不愧是"伪装大师"啊。

小知识

竹节虫在受到惊扰飞起时，会通过闪动彩光来迷惑敌人，这种彩光转瞬即逝，在它们落地后就会消失。这种方式被称为"闪色法"，是许多昆虫逃跑时使用的一种方法。

以假乱真——凤蝶毛虫

凤蝶毛虫是凤蝶的幼虫，它们长大后可以羽化成凤蝶。凤蝶毛虫有一颗胖胖的脑袋，脑袋上顶着一双圆圆的"大眼睛"，但那并不是眼睛，而是两个眼睛形状的斑点，它们真正的眼睛其实生长在胸部前面。

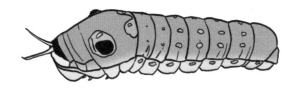

别看它们叫凤蝶毛虫，但其实大多是光滑无毛的小家伙。它们可以伪装成蛇，以假乱真。它们头上那两只大眼睛一样的斑点，和蛇的眼睛很相似，可以用来威慑敌人。它们的脖子附近还有一对腺体，像蛇的舌头一样，因此它们的天敌见了，就会误以为它们是蛇，自然跑得远远的。如果它们受到了惊吓，还会从脑袋上方伸出一对黄色的臭角，这对臭角可以散发出奇臭无比的气味，让敌人难以忍受。

凤蝶毛虫除了能伪装成蛇，还可以吃带有毒素的食物，但它们不会中毒，而是将毒素藏在体内，如果敌人吃了它们，便会中毒身亡。面对这些行走的"毒药"，其他昆虫就算有想法，也不敢盲目行动。有了伪装和汇聚毒素这两项技能，凤蝶毛虫就能更好地保护自己了。

有趣的是，凤蝶毛虫刚出生时，看上去就像小鸟的粪便，需要经过数次蜕皮才能变成后来像蛇一样的模样。在蜕皮后，它们还会把自己蜕掉的皮给吃掉，绝不浪费，因为这个皮对它们来说其实是补充营养的好东西。

在没有敌人追击的时间里，凤蝶毛虫也不会闲着，而是会一直吃，一直吃，直到发生蜕变，从肥圆的"吃货"蜕变成蛹，再蜕变成翩翩起舞的空中"美人"。一只只破茧而出的美丽蝴蝶，在草地上飞来飞去，寻找自己的伙伴，还能吃到香甜可口的花蜜，真是自在呀！

小知识

凤蝶毛虫的视力很差，几乎看不见东西，只能辨别光线的强弱。那它们是怎么寻找食物的呢？这要归功于雌性凤蝶的"慈母之心"，它们在产卵的时候就会考虑到凤蝶毛虫的进食需求，特意将卵产在幼虫可以食用的植物上，这样幼虫一孵化出来便可以随便吃啦。

隐身专家——蚱蜢

在大自然里，有一种有趣的昆虫，它们不仅有独特的跳跃方式，还有高超的伪装技巧，它们就是蚱蜢。

蚱蜢是草食性昆虫，主要以植物的叶子、花朵和嫩枝为食。它们不仅有锋利的颚和强大的颌肌来摄入食物，还能够将植物的纤维素和其他复杂的碳水化合物分解成更简单的营养物质。

蚱蜢通常喜欢生活在开阔的草地、田野、林地、城市公园等地方。它们身体呈纺锤形，背上有两对翅膀，前翅窄而坚韧，后翅大而呈薄膜状。它们有两双前腿和一双后腿，后腿肌肉发达，因此它们具有高速跳跃的能力。

当蚱蜢准备跳跃时，会把后腿收缩到身体下方，然后猛地一蹬，随后它们就会像弹簧一样跳跃起来。这种跳跃方式使它们能够快速逃离捕食者、穿越障碍物或找到更好的觅食地点。

除了跳跃能力强，蚱蜢的伪装能力也极其出色。

蚱蜢的身体颜色可以根据周围环境的变化而改变，使其与所处的环境完美融合。当它们身在绿色的植物上时，身体就会呈现为绿色；

而当它们身在土地上时，身体就会变成棕色或灰色。这种颜色变化是蚱蜢通过体内特殊的色素细胞和光线反射机制实现的。

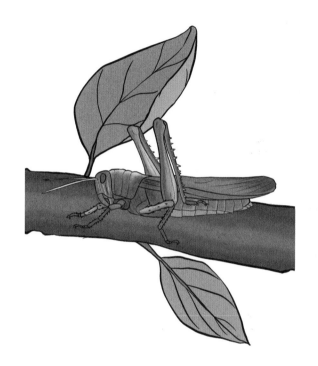

　　有的蚱蜢还具备出色的身体形态伪装，它们的身体形状和纹理与周围的环境非常相似。例如有些蚱蜢拥有长长的身体和细长的腿，看起来就像一根细细的枝条；有些蚱蜢具有扁平的身体，看起来就像一片树叶。此外，还有一部分蚱蜢甚至能够模仿其他昆虫的外形，如模仿蜻蜓的身体颜色和翅膀纹理，以此来逃避捕食者的注意。

　　有趣的是，蚱蜢会根据伪装的目的来改变伪装的方式，例如有的蚱蜢会选择与周围环境完美融合，达到隐身效果，而有的蚱蜢则会选择与周围环境产生对比，以此吸引潜在伴侣的注意。

　　蚱蜢的伪装过程是非常迅速的。当它们需要改变外观时，色素细胞会在几分钟内重新排列，使其与环境更好地融合。这种能力使蚱蜢能够在短时间内适应不同的环境。

值得一提的是，科学家们对蚱蜢进行了深入的研究，发现了许多有趣的事情。例如，蚱蜢的"耳朵"位于它们前腿的基部，可以帮助它们感知周围的声音；蚱蜢的视觉系统非常敏锐，可以感知运动的物体和光线的变化，并迅速做出反应；蚱蜢还具有出色的生存能力，可以在高温、干旱、寒冷等极端环境中生存。

通过对蚱蜢的研究，科学家们也获得了不少启发和灵感，开发出了新型的隐身材料，应用于军事、航空、汽车等领域。

小知识

雄性蚱蜢通常会用后腿的振动产生特殊的声音来吸引雌性蚱蜢的注意。雌性蚱蜢被吸引，并与之交配后，会将受精卵埋入土壤或植物组织中，以提高受精卵的存活率。

第五章
昆虫界的顶级"杀手"

　　很多昆虫都是有毒性的，有些甚至可致人死亡。红火蚁、杀人蜂、人肤蝇……这一个个骇人听闻的名字，给人们留下了深刻的印象。

不能惹的小昆虫——人肤蝇

　　有这样一种昆虫，它们的幼虫会寄生在人类或者牲畜的皮肤里——仅是想象一下都令人头皮发麻呢！下面我们要了解的就是这种听起来很可怕的昆虫——人肤蝇。

　　人肤蝇属于狂蝇科，它们的成虫没有触角，体表布满细毛。人肤蝇繁殖时，会将自己的卵产在蚊子或家蝇的身上，然后卵再通过蚊子或家蝇，掉落到人或牲畜的身上。掉落到人或牲畜皮肤上的蝇卵，感受到宿主的温度，就会在5~10秒内孵化成幼虫，然后幼虫会顺着毛孔钻入宿主的皮肤里，靠吃宿主皮肤的结缔组织为生。

人肤蝇的幼虫身体上长满了倒刺，倒刺可以刺穿宿主的皮肤组织，这样它们就可以把自己固定在宿主的皮肤内，防止掉落或被挤压出来……宿主被人肤蝇幼虫寄生的地方，会出现红色疹子或红肿的结节，伴随疼、痒等不适的感觉。大约8周后，人肤蝇的幼虫才会发育成熟，然后它们就会离开宿主，掉落到土壤里。再过大约一周后，幼虫才会开始化蛹。

人肤蝇的幼虫在宿主的皮肤里生长的过程中，会分泌出一种特殊的抗生素，这种抗生素不仅可以防止它们周围的皮肤感染化脓，还可以分泌抗凝血因子，使周围皮肤的血液不会凝固，防治它们寄生的部位结痂。

一般情况下，人肤蝇的幼虫对宿主的健康不会构成严重的危害，但若是不慎寄生在了宿主的耳朵、眼睛等部位，就可能造成严重的后果。

人肤蝇原产于美洲，数量并不多，在我国更是少见，因此大家也不必过于担心和害怕哦！

小知识

　　如果不慎被人肤蝇的幼虫寄生，千万不要强行将它们从皮肤里挤出，因为它们的毛刺会死死地抓住皮肤组织，一旦用力过猛，就容易导致伤口出血，或让幼虫死在皮肤里，造成皮肤感染。这种时候，一定不要自己处理，而是要及时就医哦！

"浪漫"的谋杀者——锥蝽

有着浪漫的名字，实则杀人不眨眼，这样的昆虫你见过吗？

锥蝽（zhuī chūn）俗称"接吻虫"，它们有一个古怪的癖好，那就是和人"接吻"。不过，它们的"接吻"可并不浪漫，而是一种慢性谋杀。

锥蝽成虫体长约 2.5 厘米，整体呈椭圆形，头部较长，呈锥形，身穿黑色外衣，胸部、翅膀和腹部的边缘有红色或黄色的斑点。它们平时大多躲藏在墙壁、物件的缝隙里，有时也会躲在树洞里。它们喜欢

在夜间出没，容易被光吸引。

　　锥蝽是一种吸血昆虫，它们的若虫和成虫都会吸食人或动物的血液。锥蝽尤其喜欢叮咬人的面部，它们会趁人熟睡时，寻找人的唇部、眼睑等皮肤较薄的区域下口，"接吻虫"的名字也是因此而来的。大多数锥蝽叮人时不会带来剧烈的疼痛感，所以人们一般很难察觉。

　　锥蝽是传播恰加斯病的主要媒介。恰加斯病也叫美洲锥虫病，是一种寄生虫病，致病源是克氏锥虫。锥蝽在吸食人血后，会将粪便排在由吸血造成的皮肤肿胀处，粪便中的克氏锥虫便可经由伤口或经手指触摸眼、口、鼻等部位进入人体的血液循环中，最终进入人的心脏潜伏起来。它们在潜伏的过程中，会不断地损害人体的血液循环系统，使人不断衰弱，患上败血症，严重时还会致人心肌梗死。克氏锥虫还会通过血液传播、母婴传播等感染更多人。

　　如果不小心被锥蝽叮咬，一定要尽早去医院进行治疗哦！

小知识

　　锥蝽一次会吸食至少10毫升血液，大量的血液流失，会导致被吸的人出现贫血症状。据美国疾病控制与预防中心统计，全球约有800万~1100万人感染恰加斯病，此外还有多达1.86亿人存在感染风险。

凶残"容嬷嬷"——红火蚁

红火蚁究竟是何方神圣呢？

红火蚁体长 3~7 毫米，与常见的蚂蚁差不多大小。它们的身体在阳光下为亮棕红色，头部后方有明显的凹陷，上颚极为发达，有 4 只明显的小齿，深褐色的肚子鼓鼓的，腹柄结有两节，第一节呈倒"V"形，第二节为圆锥形。它们的身体末端有毒针伸出，这也是它们最危险的部分。它们之所以被称为"火蚁"，是因为被它们叮咬后会有如灼烧般的疼痛感。

红火蚁原产于南美洲，它们繁殖力强，生命力旺盛，且极具攻击性，是全球公认的最具危险性的入侵物种之一。

红火蚁常常把巢穴筑在农田、荒地、路边等地方。它们的蚁巢通常直径为 30~50 厘米，挖出的泥土堆成高于地面 10~30 厘米、内部呈蜂窝状的蚁丘。当看到这样的蚁丘时，人们就知道附近可能有红火蚁出没了。

红火蚁的蚁巢一旦受到人类干扰，巢中的红火蚁就会迅速出巢，并做出攻击行为。它们会以上颚钳住人的皮肤，以腹部末端的螫针对人体连续叮蜇多次，并将毒液注入人的皮肤里。人被叮咬时，会有剧烈的灼烧般的痛感，被叮咬的皮肤会出现水疱。如果不慎把水疱挠破，还可能引起细菌感染。红火蚁的毒液中还含有少量水溶性蛋白质，会导致少数人产生过敏反应，甚至引发过敏性休克。

春季和秋季是红火蚁大量繁殖的季节，这时红火蚁的数量会成倍增加，它们会积极地修筑巢穴，以保证群体的生活空间。红火蚁通常在温暖、潮湿、开阔的环境中生活，它们是杂食性昆虫，食物包括多种野生植物的种子、农作物的根茎和果实、小型昆虫、腐肉……红火蚁驻扎的区域，往往伴随着农作物减产、病虫害增加等农业生产问题。

在我国，红火蚁已经入侵了不少地方，广东、广西、云南、福建、四川、海南等地都有它们的身影。目前，红火蚁的入侵区域还在持续扩大。

小知识

温度对红火蚁的活动影响较大。红火蚁可以承受的温度最低为 3.6℃，最高为 40.7℃，因此，低温比高温更能限制它们的行动。此外，红火蚁的寿命与不尽相同，小型工蚁的寿命为 30~60 天，中型工蚁的寿命为 60~90 天，大型工蚁的寿命为 90~180 天，蚁后的寿命则可长达 2~6 年。

闻之色变——杀人蜂

蜜蜂有很多种类，有的种类性情温和，危险性较低，有的种类则性情凶暴，攻击性强，危险性高。接下来要给大家介绍的一种蜜蜂，就是高度危险的蜜蜂的代表——杀人蜂。

杀人蜂也叫非洲化蜜蜂，是原产于非洲的东非蜂与南美洲的欧洲蜜蜂自然杂交形成的种群。它们有着骇人听闻的名字，不仅仅因为它们性情凶暴，还因为它们的毒液中含有一种叫作蜂毒肽的心脏毒素，

具有收缩血管的作用，对心脏的损害极大。被杀人蜂蜇到的人，会出现头痛、恶心、呕吐、发热、气喘、呼吸困难等症状，严重者会昏迷甚至死亡！

1956 年，巴西的遗传学家从南非引进了 35 只东非蜂的蜂后进行试验，没想到其中 26 只于 1957 年逃逸，在自然界中与当地的欧洲蜜蜂杂交，最终产生了令人闻之色变的杀人蜂。如今，杀人蜂的数量已超过 10 亿，主要分布在南美洲、中美洲与美国南部，并有继续向北扩张的趋势。它们性格凶暴，且具有群体攻击性，如果有人不小心拍死了一只杀人蜂，那么很快便会引来蜂群的集体攻击。杀人蜂会持续追击敌人数小时，它们的飞行速度可达每分钟 500 米。当杀人蜂蜇到目标后，它们留在敌人体表的针刺还会散发出信息素，以通知更多的同伴发动攻击。

杀人蜂采蜜的效率很高，是普通蜜蜂的两倍，而且它们能抵御多种蜜蜂的疾病与病虫害，尤其是可以抗蜂螨，从而免去了蜂农除螨的烦恼。不过，对于普通人和家畜而言，杀人蜂仍然是极其危险的，因此在有杀人蜂出没的地方，一定要多加防范哦！

小知识

蜂后是蜂群行动的指挥者，一旦发现猎物，蜂后就会发出进攻的"命令"，有趣的是，当蜂后分泌出一种特殊的信息素时，蜂群会立刻变得温顺起来，停止战斗。

第六章
昆虫界的"巨无霸"

　　在无所不包的自然界，有的昆虫体形非常小，小到人类肉眼难以看到，有的昆虫却体形非常巨大，甚至可以和小型动物媲美，比如亚历山大女皇鸟翼凤蝶、泰坦大天牛、犀牛蟑螂……这些昆虫都以体形巨大著称，可以说是昆虫界的"巨无霸"。

最大的蝴蝶——亚历山大女皇鸟翼凤蝶

　　在很多人的印象中，蝴蝶都是小巧灵动的，但其实蝴蝶中也有"巨无霸"，比如目前世界上发现的最大的蝴蝶——亚历山大女皇鸟翼凤蝶。

　　亚历山大女皇鸟翼凤蝶是鸟翼蝶属的一种，其名字来源于英国国王爱德华七世的妻子亚历山德拉皇后。亚历山大女皇鸟翼凤蝶的雌蝶翅膀呈褐色，有白色斑纹，身体呈乳白色，胸部局部有红色绒毛，体长 8 厘米，重 12 克，翼展达 31 厘米。与雌蝶相比，雄蝶体形较为小巧，腹部呈鲜黄色，翅膀也呈褐色，但有虹蓝光泽及绿色斑纹，翼展为 16~20 厘米。

　　亚历山大女皇鸟翼凤蝶喜欢栖息在雨林里，以植物的花蜜为食，常在早晨和黄昏出来活动。它们不仅体形大，还比普通的蝴蝶飞得高，喜欢在树顶飞行，只有在觅食或产卵的时候才会下降到离地面几米高的地方。

　　有趣的是，亚历山大女皇鸟翼凤蝶的雄蝶早上会在寄生植物附近寻找雌蝶，它们会徘徊在雌蝶附近，并放出信息素想要引起雌蝶的注意，如果雌蝶接受，就会和雄蝶一起降落，而不接受的雌蝶会独自飞走或拒绝交配。雄蝶具有强烈的领地意识，一旦有敌人想要抢占它们的地盘，它们便会奋力驱赶。

亚历山大女皇鸟翼凤蝶在产卵时，会将卵产在一种叫作马兜铃的植物上，这种植物含有一种名为马兜铃酸的有毒物质，具有一定的刺激性气味。亚历山大女皇鸟翼凤蝶的幼虫孵化出来后，这种气味可以让幼虫避免被捕食者捕食。此外，马兜铃还可以作为幼虫的食物。幼虫最初会吃嫩叶，在结蛹前会吃蔓藤，因为马兜铃的叶子及蔓藤都有毒，所以幼虫吃后，毒素会在它们体内聚集，使它们避免被敌人捕食。

亚历山大女皇鸟翼凤蝶仅分布在新几内亚的北部省，数量稀少，被世界自然保护联盟列为濒危物种。栖息地的减少以及人类的捕杀，都让它们的生存受到很大威胁。

小知识

　　亚历山大女皇鸟翼凤蝶体形大，而且飞得高，因此在密林中经常被人误以为是鸟类。它们的天敌包括大木林蛛和一些小型鸟类。

巨型昆虫——泰坦大天牛

下面我们要一起来探索一种神秘而巨大的昆虫——泰坦大天牛！

泰坦大天牛也叫泰坦甲虫，体长可达 17 厘米，是世界上最大的甲虫之一。泰坦大天牛生活在南美洲亚马孙雨林中，它们的外观非常显眼：体色为黑色或深棕色，背甲富有光泽；触角非常长，可以帮助它们在丛林中寻找食物和求偶。泰坦大天牛也有翅膀，不过因为体形较大，一般无法直接从地面起飞，需要爬到树枝上，借助树枝的高度才能起飞。

泰坦大天牛有着坚硬的外骨骼和强有力的下颚，据说这厉害的下颚甚至能咬断一根铅笔。除了用下颚保护自己以外，泰坦大天牛还能在受到威胁时发出响亮的嘶嘶声，以恐吓敌人。

泰坦大天牛的一生分为卵、幼虫、蛹、成虫四个阶段。成虫主要以树液、果实和花粉为食。树液是大多数植物都有的一种液体，含有很多矿物质和养料，对于泰坦大天牛来说，是很好的能量来源。泰坦大天牛吃的水果大多为软质水果，如番木瓜、杧果等。泰坦大天牛的幼虫则是以腐烂的硬木为食的。

　　泰坦大天牛的幼虫阶段可能会持续数年，这期间它们会不断地啃食腐木，为生长发育提供营养。当幼虫足够大时，会在腐木中筑一个小小的蛹室，进入结蛹阶段。持续数月的蛹期结束后，泰坦大天牛才会完全蜕变，化为成虫。

　　泰坦大天牛的成虫大约能存活 6 个月，成虫的主要任务就是繁衍后代。因为泰坦大天牛生活在茂密的热带雨林中，相互之间难以发现对方，所以它们的求偶过程并不容易。雄虫会利用长长的触角来捕捉雌虫释放的信息素。当雄虫发现雌虫时，会试图靠近并与雌虫交配。交配完成后，雌虫会选择在一块腐烂的木头中产卵，这样的环境有利于幼虫一出生就能啃食腐烂的木头。

　　泰坦大天牛虽然看上去有点像吓人，但其实不会对人类构成严重威胁，除非故意去挑逗它们，否则它们是不会对人类发起攻击的。

小知识

　　成虫阶段的泰坦大天牛由于庞大的体形和坚硬的外壳，很少有天敌，但在幼虫阶段却很容易成为其他生物的猎物。幼虫的天敌主要有猛禽、蜥蜴和哺乳动物，还有一些较大的昆虫，如蟋蟀。

聪明长寿——犀牛蟑螂

蟑螂可以说是最不受人类欢迎的生物之一了，它们不仅携带着大量的致病源，还有着顽强的生命力和超快的繁殖速度，很难被彻底消灭。你知道吗，蟑螂的祖先甚至可以追溯到恐龙时期呢！

我们生活中常见的蟑螂，小的体长约 1.5 厘米，如德国小蠊，大的体长约 4 厘米，如美洲大蠊。可是，世界上有一种蟑螂，竟然可以长到 8.3 厘米长，有成人的手掌心那么大，是不是很可怕？这种蟑螂就生活在澳大利亚昆士兰州的热带地区，名叫犀牛蟑螂，是目前已知世界上最大的蟑螂之一。

犀牛蟑螂长着短小有力、覆满尖刺的三对足，背部有铁锈红色的外壳。跟身体相比，它们的头很小，上面有一对短短的触角，只有身体的四分之一长。它们没有翅膀，攀爬能力也很差，但是善于挖掘。它们的前肢非常粗壮有力，掘洞时能够轻松地切入土壤。它们挖的洞穴有时候会深入地下 1 米，住进去十分安全。

犀牛蟑螂主要以落叶为食，它们的消化系统能够抵御并分解腐殖质中的毒素，为它们的身体提供所需的营养和能量。每当夜幕降临时，犀牛蟑螂便会悄悄爬出洞口搜寻食物，并将食物叼回洞里慢慢享用。这样的做法让它们避免了许多危险。不得不说，犀牛蟑螂真是一种很聪明的昆虫。

　　犀牛蟑螂是卵胎生昆虫，雌蟑螂在产卵时，会将卵放在特殊的卵鞘中，然后将卵鞘埋在地下，以确保孵化成功。犀牛蟑螂在成长到成体前，要蜕皮 12 至 13 次，每次刚蜕皮后除眼睛外，通体都是纯白色的。犀牛蟑螂的寿命极长，可达 10 年。

　　犀牛蟑螂有助于分解腐烂的植物，参与有机物质循环，对环境具有一定的正面作用。同时，由于它们不会主动攻击其他昆虫或动物，也不会损害人类的居住环境，因此被认为是相对无害的生物。

犀牛蟑螂的性别可以通过颈部是否有凸起来判断，雄蟑螂的颈部甲板处有像犀牛一样的、坚硬且厚实的凸起，而雌蟑螂没有。

第七章
昆虫界的"生化武器"

大自然中总有一些臭臭的虫子出没，这些虫子不管是什么形态，都有一个共同点，那就是会释放出难闻的气味，堪称昆虫界的"生化武器"。

小小"吸血鬼"——臭虫

臭虫也叫床虱，是一种小型的吸血昆虫，它们有一对臭腺，能分泌出一种散发臭味的液体，凡是它们爬过的地方，都会留下难闻的臭气，它们也因此被称为"臭虫"。

臭虫是一种世界性分布的卫生害虫，品种众多。它们是一种寄生性昆虫，大部分靠吸食人血为生，只有在吸不到人血的情况下，才会去吸食动物的血液。它们不仅叮咬、骚扰人类，还与多种疾病的传播有着密切的关系。

臭虫是不完全变态昆虫，一生分为卵、若虫、成虫三个阶段。它们的卵是黄白色的，椭圆形，卵壳上还有网状花纹。卵大概需要6~7天才能孵化成若虫。若虫刚刚孵化出来时，颜色很浅，呈半透明状，等逐渐长大后，就会开始蜕皮，并慢慢变为褐色。臭虫一生要经历5次蜕皮，才能成为成虫。成虫体长4~5毫米，身体扁平，呈椭圆形，少数种类长有翅膀，可以飞行。

臭虫害怕强光，大多在夜间出没。它们过着群居生活，平时会藏在衣物、墙壁、天花板、床垫等处。它们敏捷、机警，行动速度快，每分钟能爬 1~1.65 米，特别是在夏天的时候，活动极为活跃。

虱子寄生在宿主身上，平时不离开宿主，而臭虫只有在吸血时才会接近宿主，吃饱喝足后便会离开。当臭虫准备吸血时，会用口器刺穿宿主的皮肤，然后将口器中两根像吸管一样的进食管刺入宿主皮肤内。为什么会有两条进食管呢？原来，其中一条用来向宿主注射含有抗凝血剂和麻醉剂的唾液，另一条才是用来吸取血液的。臭虫每次吸血的时间大约有五分钟，吸食的血量可以达到自身体重的一至二倍。如果没有机会接近猎物，臭虫便只能挨饿。不过臭虫的耐饥能力十分强大，特别是在冬季不活动时，若虫可以在不吸血的情况下存活数月，成虫则可以活 1 年。

臭虫虽小，对人类的骚扰却不容忽视，人类被臭虫叮咬的部位通常会感到奇痒难忍，出现红肿或水疱，如挠破还可能会引起细菌感染。因此，如果我们生活的环境中出现臭虫，一定要提高警惕。

小知识

要想不受臭虫骚扰，一定要注意环境卫生。家里的墙缝要用石灰、水泥等堵起来，以减少臭虫可以栖息的场所。家里的衣物、棉被、床单、蚊帐等，要经常拿出来晒一晒。臭虫不耐高温，在夏季阳光的炙烤下，最多一个小时就会被烫死。

爱放屁的昆虫——放屁虫①

在遇到威胁时，腹部会"噗"的一声喷出一股刺激性烟雾的是什么昆虫呢？它们就是下面要给大家介绍的——放屁虫！

放屁虫体长 14~22 毫米，宽 5~8 毫米，它们的头、触角和足都是黄色或黄褐色的，头部中央有个黑色的三角形斑纹；前胸背板和大大的鞘翅都是黑色的，上面有黄色或黄褐色的斑纹。

放屁虫移动速度极快，是偏肉食性的昆虫，喜欢躲藏在砖瓦、石块下或草丛中，偷偷观察在地面上活动的其他小昆虫，等到时机成熟时，便伺机而动，开启捕猎行动。

放屁虫的神奇之处在于它们能混合化学物质引起爆炸。当遇见敌害时，放屁虫会从腹部末端喷射出具有恶臭并带有声响的高温"炮弹"，"炮弹"喷发的同时还会产生黄色的烟雾，可以迷惑和威慑敌人。

放屁虫的"炮弹"的温度可接近于 100℃，如果人类试图赤手抓住放屁虫，很快就会感到手掌上有一阵强烈的灼烧感，被"炮弹"喷到

① 放屁虫：放屁虫是步甲科许多会"放屁"的甲虫的统称，本篇以气步甲为例进行说明。

的皮肤还会变黄，需要好几天才能恢复正常。不仅如此，这种高温"炮弹"喷射一次后，还可能会喷第二次、第三次，威力可不小呢！

不可思议的是，放屁虫在发射"炮弹"时，腹部还能做270°旋转，无论敌人在什么方向，都能准确地射中对方。

为什么放屁虫能喷射出这么厉害的"炮弹"呢？

放屁虫的肚子上有两种腺体，一种会生产对苯二酚，另一种会生产过氧化氢。平时这两种气体分别贮存在两个不同的部位，但一旦遭遇敌害，放屁虫就会猛烈收缩肌肉，挤压腺体，迫使这两种气体在身体后端相遇。两种气体在酶的催化作用下，瞬间就可以形成高温有毒的对苯醌，同时像炮弹一般迅速从体内喷射而出，烫伤企图攻击它们的敌人。

在自然界，有一种长得和放屁虫很像的甲虫，它们并无放炮投弹的本事，却懂得模仿放屁虫的投弹行为。在遇到敌害时，它们只需要装腔作势地把尾部翘起，便可以吓退敌人。不得不说大自然中的昆虫个个都聪明伶俐啊！

小知识

　　喷射高温"炮弹"是放屁虫的一种自我防御行为。在大自然中，生物的自我防御行为大致分为三类：物理防御（隐匿、拟态、警戒）、化学防御（腺体、共生）、行为防御（假死、恫吓、自残）。昆虫的防御行为是昆虫对外界侵扰的反应方式，是在漫长的进化过程中为了种群的生存与繁衍而进化出的行为。

以臭闻名——椿象

提起椿象，大家可能会觉得陌生，但说到它们的俗称——臭大姐，估计大家就有印象了。之所以称椿象为"臭大姐"，是因为它们总会释放出令人难以忍受的臭味。

椿象是半翅目异翅亚目昆虫的通称，它们一般体长 1.7~2.5 厘米，身体扁平。椿象大多数都是害虫，例如荔蝽、硕蝽、麻皮蝽、茶翅蝽等会危害果树，菜蝽、短角瓜蝽、细角瓜蝽等会危害瓜果蔬菜，但也有一些椿象是益虫，例如食虫椿象就专门捕食小虫。

夏天是椿象出没最频繁的季节，在树梢上、嫩叶上，总能发现它们的踪迹。立秋后，天气一天天转凉，椿象也开始"搬家"了。它们要从室外搬到室内，寻找适合过冬的住所。在室内，椿象的气味会更加明显，它们不仅会散发出恶臭，还会污染所经过的物体的表面，让人十分烦心。

椿象为什么特别臭呢？

椿象的身上有一个特殊的武器——臭腺。臭腺生长在椿象的胸部，当椿象受到惊扰时，便会从臭腺中分泌出一股臭气，就像放屁一样，一瞬间臭味便会弥漫到空气中，使四周的空气臭不可闻。不过，椿象释放的其实并不是气体，而是一种挥发性液体——臭虫酸。

　　除了会放臭屁以外，椿象还会用毒。它们的肚子上有两个特殊的构造，一个是储液室，一个是反应室。储液室里存在两种毒物质，一种是由苯二酚代谢出来的物质，另一种是间甲酚。当椿象受到攻击时，反应室内会快速生成一种特殊催化酶，同时储液室的肌肉会立刻向内收缩，将毒液挤进反应室，毒液在催化酶的作用下发生剧烈反应，然后随着阀门的打开，对着敌人的眼睛喷涌而出。这样可以让敌人暂时看不见，椿象则借机脱身。不过，椿象的毒液本身的杀伤力并不强，只是为了保护自己和抵御敌人所放的"烟雾弹"罢了。

　　除了放屁和用毒以外，椿象还会伪装。当它们栖息在树枝或树叶上时，会伪装成树枝或树叶的样子，使自己融入环境。黑褐色和绿色是椿象较为常见的体色，其他的还有红色、橘色等。体色鲜艳的椿象仿佛在用色彩警告那些捕食者：我不好吃，不要过来！

小知识

椿象只有少数种类是益虫，多数种类是害虫，对农作物尤其是棉花危害最大。椿象有一定的趋光性，喜欢高温、多雨的气候。

毒气攻击——鞭蝎

提到鞭蝎这个名字，很多人的第一反应是：蝎子！不过，鞭蝎并不是蝎子，蝎子是蛛形纲蝎目物种的通称，而鞭蝎是蛛形纲有鞭目物种的通称，蝎子和鞭蝎并不是同类，在形态上也有所区别。

鞭蝎共有70多种，主要生活在热带、亚热带地区，在我国河南、湖北、安徽、湖南、江西等地也有分布。

鞭蝎体长一般在5厘米以下，体形较大的种类可达8厘米。它们的身体分为头胸部和腹部两部分，头胸部有一对特化的螯夹，可以用来捕捉猎物和挖掘；有四对足，其中第一对特别细长，是特化的触肢，用来探测和感知周遭的环境；腹部末端有一根细长的尾鞭。

鞭蝎的尾鞭并不像蝎子的尾巴那样坚硬，也没有毒囊和螯针。如果我们试图去抓鞭蝎，很可能会闻到一股刺鼻的气味，仔细一闻，还会发现这味道非常熟悉，酸酸的，就像醋一样。鞭蝎在受到惊吓时，会翘起自己的肚子，从尾鞭中喷射出混合着醋酸和辛酸的液体，不仅可以用独特的气味逼退敌人，还可以分散敌人的注意力，让自己借机逃走。普通食醋的醋酸含量通常只有 4%~7%，而鞭蝎射出的液体的醋酸含量高达 80%。如果人的皮肤或眼睛不慎接触到这种液体，将会引起皮肤发炎、角膜炎、灼伤等。

　　有趣的是，鞭蝎视力很差，基本看不清东西，用来代替"眼睛"的是由第一对足特化而成的可以探测和感知环境的触肢。鞭蝎在爬行时，两条触肢会不停地摆动，轻轻地触碰着地面。触肢就像雷达一样，可以把前方的"地形图"反馈给鞭蝎，这样鞭蝎就不会在路途中迷失方向了。鞭蝎喜欢在夜间出行，擅长捕食其他昆虫和小型动物，如马陆、蚯蚓等。它们有一对坚硬、有力的螯夹，既可以防御敌人，又可以撕裂猎物。鞭蝎通常生活在阴暗、潮湿的地方，如木头后面、石头下面或自己挖掘的巢穴中。

　　当雄性鞭蝎想向雌性鞭蝎展示自己的魅力时，会用触肢去触碰对方，如果双方互相"看对眼"了，便会共结连理。交配完后，雌性鞭蝎会把卵块贴在自己的腹部加以保护，直到孵化。刚孵化的幼体结构还不分明，它们有一个类似吸盘的结构，可以把自己继续附着在母亲的背上，直到第一次蜕皮后，它们才会从母亲背上下来，离开母亲，开始自己的冒险……

小知识

鞭蝎的毒液是一种化学成分复杂的混合物，其中包含多种蛋白质、酶和毒素。一些研究人员已经开始研究鞭蝎毒液中的生物活性物质，探索它们在药物研发中的潜力。有些鞭蝎毒液中的成分已经被用于治疗疼痛和炎症。

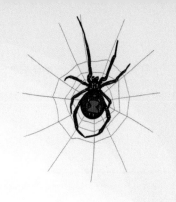

第八章
不是昆虫的"虫"

在自然界，有许多常被人们误认为是昆虫的小动物，比如蜘蛛、蜈蚣、蝎子等，但它们其实不是昆虫。"昆虫"是节肢动物门昆虫纲物种的统称，蜘蛛、蜈蚣和蝎子都不是昆虫纲的，因此不能称之为"昆虫"。下面我们就来认知几种不是昆虫的"虫"吧！

人间"黑寡妇"——间斑寇蛛

令人闻风丧胆的恐怖蜘蛛——间斑寇蛛来啦！间斑寇蛛也叫欧洲黑寡妇蜘蛛、地中海黑寡妇蜘蛛，提起它们，很多人都会不寒而栗，因为它们是世界上毒性最强的"毒物"之一。

间斑寇蛛的雄蛛体长 4~5 毫米，腹部有红色斑点；雌蛛体长 10~14 毫米，腹部是亮黑色的，有一个明显的红色沙漏一样的图案。间斑寇蛛的雌蛛约有雄蛛的两倍大，在毒性方面也比雄蛛危险得多，因为雄蛛是没有毒性的，而雌蛛的体内含有剧毒。

间斑寇蛛主要生活在地中海沿岸和我国的新疆等地，它们以各种昆虫和其他节肢动物为食，例如虱子、马陆、蜈蚣等。当有猎物不小心碰到它们的蜘蛛网时，它们便会迅速起身，向猎物发起攻击。它们会用坚韧的蛛丝将猎物层层包裹，然后用毒针刺穿猎物并向其体内注入毒液。大约 10 分钟后，猎物会停止挣扎，这时它们便会把猎物拖回自己休息的地方慢慢享用。

若是人类不小心被间斑寇蛛咬伤，伤口处会有针扎感，伤口及附近会发红或起荨麻疹，局部有疼痛感，且疼痛感会在约 5 分钟内迅速向腹部、大腿、腰部等处扩散。中毒者会出现乏力、头晕、恶心、呕吐等症状，严重者会休克或死亡。

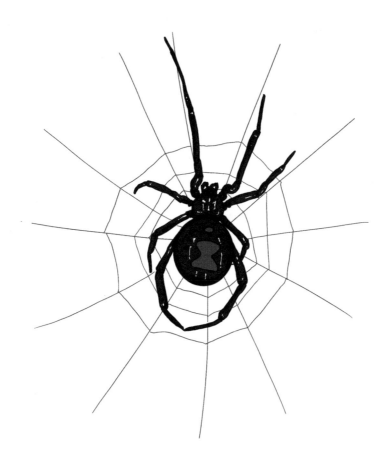

间斑寇蛛为什么会被称为"黑寡妇"呢？除了因为雌蛛有剧毒以外，还因为据说雌蛛在交配后，会立即吃掉雄蛛。不过，雌性间斑寇蛛"杀夫"的传闻并没有多少真实性，因为科学家们曾做过相关实验，他们将雌雄间斑寇蛛共同饲养在一个空间里，但并未发现雌蛛捕食雄蛛的情况。此外，也曾有人见过雄蛛与雌蛛交配的场景，当时雄蛛在交配完后就立即离开了，而雌蛛并未去追捕雄蛛。

科学家们推测，雌性间斑寇蛛只有在极度饥饿的情况下，才会选择在交配后吃掉雄蛛，而通常情况下，它们会选择放走雄蛛，然后独自完成传宗接代的重任。

闻风丧胆——加拉帕戈斯巨人蜈蚣

在我国，蜈蚣、毒蛇、蝎子、壁虎、蟾蜍并称"五毒"，它们不仅含有毒素，外形也令人毛骨悚然。今天，我们要认识一种即使在蜈蚣界也属于"佼佼者"的巨大蜈蚣——加拉帕戈斯巨人蜈蚣。

加拉帕戈斯巨人蜈蚣很可能是世界上最大的蜈蚣，它们体长30~40厘米，最大可达44~46厘米。它们的身体是黑色的，体形粗壮，后足非常大，因此也被称为"虎脚巨人"。

加拉帕戈斯巨人蜈蚣生活在加拉帕戈斯群岛中的圣克鲁斯岛、厄瓜多尔沿海地区、秘鲁南部和库克群岛的森林中，它们的外形与常见的蜈蚣相似，体形却大了好几倍。它们的身体呈扁平长条形，由 22 个环节组成，头部两节呈暗红色。它们惧畏日光，昼伏夜出，喜欢待在阴暗、温暖、避雨、空气流通的地方。

加拉帕戈斯巨人蜈蚣属肉食性蜈蚣，个头大，脾气暴，身有剧毒，是很危险的生物。它们不挑食，除了捕食蟋蟀、蝉、蚱蜢等昆虫外，还会捕食小型的蛇类，甚至小型的鸟类。

体形大是加拉帕戈斯巨人蜈蚣能捕食体形较大猎物的优势之一，除此以外，它们那巨大的下颚也是它们的捕食利器。它们的下颚上含有大量的神经毒素，这种毒素能够让猎物在短时间内毙命，再加上它们那有力的爪子，猎物便在劫难逃了。

加拉帕戈斯巨人蜈蚣的毒性比普通蜈蚣更强，如果不小心被蜇伤，会出现发烧、恶心、呕吐等症状，严重者甚至可能死亡。虽然加拉帕戈斯巨人蜈蚣在世界上的分布范围有限，我们日常见到它们的概率极小，但是，如果不小心遇到了这种可怕的生物，千万要远离，更不要试图去碰触它们哦！

小知识

你知道吗，几乎所有蜈蚣身体的第一节都有一对"毒爪"，不管体形大小都可能会咬人，因此我们一定要远离它们，避免被它们咬伤。

巧妙猎手——巨人捕鸟蛛

对于很多蜘蛛来说，鸟类都是天敌一般的存在，然而在南美洲北部的热带雨林里，却生活着一种以鸟类为食的蜘蛛，它们就是体长可达 30 厘米（包括足部长度）的"蜘蛛王"——巨人捕鸟蛛。

巨人捕鸟蛛又名哥利亚食鸟蛛，属于蛛形纲捕鸟蛛科，被认为是世界上最大的蜘蛛。

巨人捕鸟蛛的体色为深棕色或浅棕色，身体和腿上都有绒毛，身体长达 11.9 厘米。它们有着硕大的腹部、大而浑圆的胸部、粗壮的腿节和长长的触肢，雄蛛一般能存活 3~6 年，雌蛛可存活 15~25 年。它们虽然叫"捕鸟蛛"，但食物并不仅限于鸟类，还包括一些大型节肢动物、蠕虫、两栖动物等。人们曾在野外观察到它们以啮齿动物、青蛙、蟾蜍、蜥蜴甚至蛇为食。

巨人捕鸟蛛在遇到危险时，会摩擦触肢和腿上的刚毛来发出声音，还会用后腿摩擦腹部，将刚毛摩擦下来并"射"向敌人。敌人一旦沾上这些毛毛，就会痛痒难忍，从而主动退出战场。巨人捕鸟蛛有八只眼，但其实是高度近视，还好它们有灵敏的感觉器官，能够凭借空气和蛛丝的振动来捕获猎物。

巨人捕鸟蛛的厉害之处还有它们嘴边那一对巨大的、强有力的尖牙，尖牙可以自由转动，下面还连着毒腺。另外，它们还会编织一种具有很强的黏性的蛛网，一旦有猎物落入网中，它们便会迅速地爬过去，将毒液注射到猎物的身体里，使猎物无法动弹，这样便可以美餐一顿了。它们大多白天休息，夜晚狩猎，偶尔会在家门口打"伏击战"，捕杀猎物。

巨人捕鸟蛛的尖牙足以刺破人的皮肤，且牙上带有毒液，不过对于人类而言，它们的毒性较小，相当于黄蜂的叮咬。比起尖牙，我们更应该警惕的是它们"发射"的刚毛，这些刚毛对皮肤和黏膜都有剧

烈的刺激作用，对我们人类是很有害的。因此，如果遇到这种蜘蛛，也要远离哦！

小知识

　　巨人捕鸟蛛为了增加捕鸟的成功率，会大面积地织网，并不停地对网进行加固，期间即使有小昆虫落网，它们也不急着去吃，而是充分发挥落网昆虫的"诱饵"功能，引诱小鸟来捕食。它们还很聪明地给自己留了一条"后路"：有的小鸟在撞网又逃脱后可能会回来报复，因此它们在织网结束后就会躲进树洞里，以避开小鸟的追捕。

自带体臭——马陆

夏季雨水多的时候，我们经常会在阴湿的路边、草丛、土块上见到一种长着许多脚的虫子，它们就是马陆，也叫千足虫。

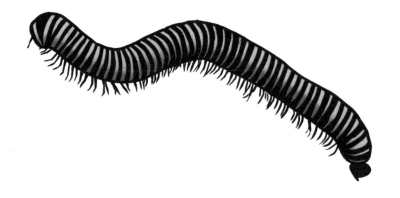

马陆一般长 2~6 厘米，身体分为很多节，前四节为头胸部，余下的都是腹部。它们体形又细又长，体色有棕色、红褐色、黄色或黑色点缀着黄色斑纹等，圆圆的脑袋上有一对短短的触角。它们的特点之一是脚多，头胸部的后三节每节有一对脚，腹部的每节都有两对脚。马陆并非生下来就有这么多脚，刚孵化的幼虫只有六对脚，后面每蜕皮一次，脚的数量都会跟着增加。在正常情况下，马陆一般有 36~400 只脚，目前世界上已知脚最多的马陆发现于澳大利亚，脚的数量超过了 1000，是名副其实的"千足虫"。

有这么多脚，马陆是怎么"走路"的呢？马陆在爬行时，左右两侧的脚会同时行动，依次前进，密接成波浪式运动，看起来很有节奏，非常有趣。

马陆的一生分为卵、若虫、成虫三个阶段。它们的卵大多产于草坪的土上，一只雌性马陆可产约 300 粒卵。在适宜温度下，卵经过 20 天左右孵化为幼体，数月后成熟。马陆 1 年繁殖 1 次，寿命可达 1 年以上。

马陆喜欢生活在阴暗潮湿的地方，喜欢藏在潮湿的泥土下或枯枝落叶堆里，主要以落叶、朽木等植物残体为食，是生态系统物质分解的初级加工者之一。它们会随着时间和天气的变化而捕食，大多数都在夜晚出来，只有少部分会在白天出来，遇到阴雨天时则会集体出动。

马陆也有保护自己的武器和本领。当它们遭遇危险时，会分泌出一种难闻的物质，使敌人不敢轻易靠近。有的马陆在遇到袭击时，会将身体蜷缩成圆球状，然后静止不动，呈现出假死的状态，也就是在"装死"。过一段时间后，它们觉得没有危险了，便会原地"复活"，慢慢将身体伸展开来，离开危险地带。

小知识

目前世界上已知的马陆有 1 万多种，在世界各地都有分布。科学家们推测，马陆的实际种数远不止这些，可能是已知种数的数倍甚至十倍。